动物家族大揭秘

群居动物

大揭秘
BIG SECRET

英童书坊编纂中心 主编

全国百佳图书出版单位

吉林出版集团股份有限公司

图书在版编目（CIP）数据

动物家族大揭秘. 群居动物大揭秘 / 英童书坊编纂
中心主编. -- 长春：吉林出版集团股份有限公司，
2017.7（2022.9 重印）
　　ISBN 978-7-5581-2639-0

　　Ⅰ. ①动… Ⅱ. ①英… Ⅲ. ①动物－儿童读物 Ⅳ.
① Q95-49

中国版本图书馆 CIP 数据核字（2017）第 107403 号

动物家族大揭秘 **群居动物大揭秘**
DONGWU JIAZU DA JIEMI QUNJU DONGWU DA JIEMI

主　　编：英童书坊编纂中心
责任编辑：崔　岩
技术编辑：王会莲
封面设计：米　多
开　　本：880mm×1230mm　1/20
字　　数：125千字
印　　张：5
版　　次：2017年7月第1版
印　　次：2022年9月第2次印刷

出　　版：吉林出版集团股份有限公司
发　　行：吉林出版集团外语教育有限公司
地　　址：长春市福祉大路5788号龙腾国际大厦B座7层
电　　话：总编办：0431-81629929
　　　　　数字部：0431-81629937
　　　　　发行部：0431-81629927　0431-81629921（Fax）
网　　址：www.360hours.com
印　　刷：北京一鑫印务有限责任公司

SBN 978-7-5581-2639-0　　　　定　价：38.00元

前言

　　动物居住在地球上的各个角落，从茂密的丛林到神秘的海底，从炎热的沙漠到寒冷的极地……不同环境中的动物有着不同的生活方式。简单地说，动物生活的主要内容就是觅食、自卫、繁殖和移动，但每一种动物的具体生活方式却是非常复杂的。

　　科学家研究动物的行为，发现它们有非常高超的捕猎技术、非凡的防御本领、令人眼花缭乱的求偶仪式、充满情感的育幼活动、适应环境的迁徙习性，以及复杂的社会关系。可见，动物的生活十分有趣。

　　在这本书里，我们将为你揭秘昆虫、软体动物、哺乳动物、鱼类、鸟类等群居动物的习性，它们一定会让你大开眼界！

目录

目录

你认识这些动物吗？

它们就藏在这本书里，快去找一找吧。

珊瑚虫 shān hú chóng

珊瑚虫是一种生活在海里、喜欢结合成一个群体生活的小型动物。

它的嘴长在顶端，周围有许多小触手，是用来捕获微小生物的。

它的触手可以伸展，受刺激时，还能射出丝状的小刺，来麻痹猎物。

食 物
浮游植物、
浮游动物

珊瑚虫相互聚集，将骨架连接起来，就形成了珊瑚礁。

珊瑚虫为体内的藻类提供营养物质，而藻类为珊瑚虫提供氧气。

珊瑚虫群体样式繁多，有的像小树，有的像蘑菇，颜色有浅绿、橙黄、蓝、褐、白等。

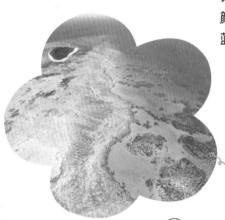

大堡礁绵延 2000 多千米，是世界最大最长的珊瑚礁群。

我们的小秘密

嘴既用来进食，又用来排泄。

没有眼睛和鼻子，嘴和一根直肠直接相连。

触手是对称生长的。

珊瑚是珊瑚虫的分泌物。

海月水母 hǎi yuè shuǐ mǔ

海月水母遍及全世界海域，是一种喜欢成群漂浮在海面上的水母。

它的身体边缘有很多细小的触手，是用来捕捉猎物的。

它的身体为乳白色或淡蓝色，形状像一个放倒的碗。

它略微透明的身体上，有4个十分明显的环形器官。

食物
软体动物、
甲壳类

一大群海月水母聚集在海面时，就像一把把小伞，随波逐流。

海月水母有时会成群出现在海面上，偶尔还会被海浪冲到海岸上。

捕猎时，海月水母的触手会分泌黏液和毒液，将猎物粘住和麻痹。

海月水母的游泳姿势十分优雅，看起来就像是海中的月亮。

我们的小秘密

触手的活动有限，因而游泳能力不强。

触手有毒，但毒性不强。

没有呼吸器官，依靠纤毛汲取氧气。

漏斗蛛 lòu dǒu zhū

漏斗蛛也叫草蛛，是一种会结网的蜘蛛，因结的网像漏斗而得名。

它的腹部比较浑圆，背部有暗色的条纹或斑点。

它的头比较大，额部长有 8 只眼睛。

它有 8 条腿，其中后面 6 条细长，主要用于行走。

食 物
苍蝇、蚊子、
蝗虫、蛾子

6

雨后，漏斗蛛结的网上会留下很多水珠。

漏斗蛛一般将网结在房屋角落、岩石缝隙、草丛或树叶中。

漏斗蛛平时躲在网底，一旦有昆虫落入漏斗，便会迅速冲出捕食。

我们的小秘密

能分泌毒液，而且雄性比雌性毒性大。

寿命比较短，一般只能活 1 年时间。

被打扰就会抬起后腿，并不断咬入侵者。

弱点是不能适应干燥的环境。

蜜蜂 mì fēng

蜜蜂是一种勤劳的昆虫，常常成群地在花丛中飞来飞去，采集花蜜。

它的腿比较短，上面长有很多小绒毛，末端还有小尖钩。

它的眼睛非常大，由数千个小眼睛组成。

它有两对透明的小翅膀。

它的腹部很粗壮，有环形花纹。

食物
植物花粉、花蜜

采蜜时，蜜蜂会落在花朵上，将长长的嘴插入花蕊底部，吸取花蜜。

蜜蜂喜欢群体生活，一个蜂群可以有成千上万只蜂，团结得就像一个整体。

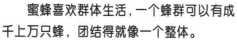

蜜蜂是杰出的昆虫"舞蹈家"，舞蹈是它们的一种重要语言。

蜜蜂的巢穴是由一个个六角形的小蜂房连接而成的。

我们的小秘密

用毒刺蜇伤人后，自己也会死掉。

酿造 1 千克蜂蜜，大约需要飞行 3 万多次。

蜂王又大又肥，专门负责生育后代。

蚂蚁 mǎ yǐ

蚂蚁是一种非常常见的昆虫，总是成群地生活在一起，组成一个个"蚂蚁王国"。

它的触角比较长，有很多小节。

它的体形很小，颜色有黑、褐、黄、红等，体表比较光滑。

它的腿很长，但比较粗，力量十分大。

它的腹部比较膨大。

食物
植物、肉、各种花蜜

"蚂蚁王国"有蚁后、雄蚁、工蚁、兵蚁等成员，它们各自分工不同。

如果巢穴太湿，蚂蚁会倾巢而出，把家搬到干燥的地方去。

蚂蚁群体中，工蚁数量最多，它们主要负责寻找和搬运食物。

蚂蚁有自己的"语言"，它们通过互相触碰触角来交流信息。

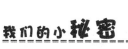

我们的小秘密

工蚁会把死亡的蚂蚁抬到巢穴外，用沙土掩埋起来。

遇到危险时，可以从身后发射蚁酸，抵御敌人。

能根据太阳的方位，确定巢穴的位置。

白蚁 bái yǐ

白蚁是一种危害性很大的昆虫，它们成千上万只生活在一起，啃食植物、建筑等。

它的触角很长，像一串念珠。

它的上颚像一把巨大的叉子，力量惊人，很适合啃食坚硬的物体。

它的身体又小又柔软，长得比较浑圆。

食物
真菌、淀粉、植物纤维素

它的腿比较短，不发达，因而活动能力较弱。

白蚁过着群居生活，一个大群体可包含100万个以上的个体。

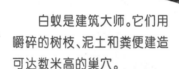

白蚁是建筑大师。它们用嚼碎的树枝、泥土和粪便建造可达数米高的巢穴。

蚁后专门负责产卵，它的腹部十分膨大。

我们的小秘密

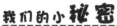

兵蚁虽然有雌雄之分，但不能繁殖。

大多数害怕阳光，但有翅膀的成虫飞离群体时却有趋光性。

被称为"白蚂蚁"，但和蚂蚁完全不同。

金枪鱼 jīn qiāng yú

金枪鱼是一种体形巨大、游泳速度非常快的海洋鱼类。

它的尾部比较细长，但尾鳍比较大，形状像一轮新月。

它的背鳍和臀鳍后面，还各有一行小鳍。

它的身体巨大，尤其是腹部又粗又圆，就像鱼雷一样。

它的嘴比较大，总是张开着，让海水从中流过。

食物
乌贼、螃蟹、鳗鱼、虾

金枪鱼喜欢群居，尤其是繁殖季节，经常一大群游向出生地产卵。

金枪鱼肌肉十分发达，新月形尾鳍极其有力量，因此能够快速游泳。

金枪鱼全速游动时，会将鱼鳍收缩进体内，以减少阻力，样子就像出膛炮弹。

金枪鱼时刻都在张着嘴游泳，让海水从鳃部经过时吸氧，否则就会窒息而死。

我们的小秘密

绝大多数鱼类是冷血的，而金枪鱼却是热血的。

最高游速高达160千米/时，比猎豹的速度还快。

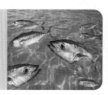

繁殖力十分强大，每年可产500多万粒卵。

白斑角鲨 bái bān jiǎo shā

白斑角鲨是一种小型鲨鱼，主要分布在世界上大部分的浅水及海面区域，尤其是在温带水域。

有两个背鳍，且上面都有棘状鳍条。不过，它没有臀鳍。

它的头又扁又长，长度约是体长的五分之一。

它的尾部比较细短，但尾鳍比较大。

它的眼睛很大，形状为椭圆形，前端比较圆，后端尖。

食物
无脊椎动物、硬骨鱼

白斑角鲨会扭动身体，用背上的棘状鳍条来割伤敌人。

白斑角鲨刚出生时，背上有2列白斑，但随着生长发育，白斑会逐渐减少、消失。

白斑角鲨过着群居的生活，常常数百至数千条一起在温带的水域游弋。

刚出生时，比较小，大约只有二三十厘米长。

棘状鳍条能分泌毒素。敌人被刺伤后，剧痛会持续几个小时。

海鬣蜥 hǎi liè xī

海鬣蜥是唯一能适应海洋生活的鬣蜥，既能在海里游弋，又能在陆地上爬行。

它的背上有一列尖刺，主要是用来防御的。

它的鼻孔与眼睛之间有一个盐腺，是用来存储食物中的盐分的。

它的尾巴巨大，长度几乎是躯干的2倍，游泳时能提供强大动力。

食物
甲壳类动物、海草、海藻

它的爪子像一个"铁钩"，十分锋利，能攀附在岩石上，防止被海浪卷走。

海鬣蜥在海里行动很灵活，但在陆地上很笨拙，只能缓慢爬行。

海鬣蜥的头上有一个"白帽子"，是盐腺中液体落到头上后，凝固形成的。

海鬣蜥过着群居生活，常常一群趴在海边岩石上，晒日光浴。

我们的小秘密

在繁殖季节，皮肤会变成黑色，还会长红色斑点。

雌性为了争夺最合适的产卵地会发生争斗。

潜水时会降低心跳次数，使血液循环速度减慢。

将卵产在沙坑中，再用沙土封住后，便扬长而去。

亚洲象 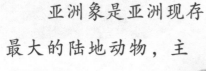 yà zhōu xiàng

亚洲象是亚洲现存最大的陆地动物，主要栖息于亚洲南部雨林和林间的沟谷、山坡等地。

它的耳朵约有1米宽，有利于收集音波，因此听觉非常敏锐。

它的体形巨大，全身为深灰色或棕色，表面有稀疏的毛发。

它的象牙长度超过1米，是强有力的防卫武器。

它的鼻子是现存动物中最长的，一直下垂到地面。

它的四肢十分粗大强壮，就像柱子一样。

食 物
竹笋、嫩叶、
野芭蕉

亚洲象体毛较少，很容易得皮肤病，因此需要经常洗澡或做泥浴。

亚洲象喜欢群居，常数头或数十头一起在林间游走。

夏季时，亚洲象会不停地扇动耳朵，来降低体温。

亚洲象食量巨大，每天早、晚，都会成群出动，外出觅食。

我们的小秘密

长鼻子十分灵活，能随意转动和弯曲，就像人手一样。

大耳朵能够驱赶热带丛林中的蚊蝇和寄生虫。

前额有两大块隆起，被称为"智慧瘤"，但它的脑却很小。

看起来很笨重，但奔跑速度却很快，时速可超过30千米。

野马 yě mǎ

野马是一种非常善于奔跑的动物，主要栖息在山地草原和荒漠中。

它的颈部比较粗，长有棕色的鬃毛。这些鬃毛又短又硬，直立在颈部上。

它的尾巴又粗又长，几乎垂到地面。

它的四肢又短又粗，大腿内侧有数条明显的黑色横纹，而小腿下部呈黑色。

它的体毛为棕黄色，接近腹部逐渐变成黄白色。

食 物
芨芨草、梭梭、
芦苇、红柳

野马群中的个体之间，经常会在
进食后相互轻轻啃咬，清理皮肤。

野马感觉灵敏，稍有动静，
就会进入警惕状态，甚至立刻
逃跑。

野马喜欢结成 5~20 只的马群，由强壮的
雄马带领，进行游荡生活。

我们的小秘密

在沙地上打滚，
其实是在进行自身
的护理。

冬天食物匮乏
时，能刨开积雪觅
食枯草。

用叫声来表达
情感，打响鼻则多
是为了恐吓对方。

野驴 yě lú

野驴是一种大型有蹄类动物,十分善于奔跑,外形和骡子很像。

它的耳朵又长又尖,尖端有黑色的短毛,听觉十分灵敏。

它的背部中央有一条棕褐色的背线延伸到尾部。

它的尾巴细长,末端有棕黄色的长毛。

它的颈部、背部和肩部的毛色为浅黄棕色,而胸部、体侧和腹部为黄白色。

它的四肢刚劲有力,蹄比家驴略大,奔跑速度虽然不是特别快,但耐力十足。

食物
百合科草类、莎草科

野驴经常结成 5~9 只
的小群进行生活。

野驴奔跑速度比较快，
最高时速可超过 40 千米。

野驴白天多在水源附近觅食
和休息，傍晚时才回到宿营地。

我们的小秘密

有时会和藏羚、
盘羊等植食性动物
一同栖息。

耐冷耐热，还
耐饥渴，可以几天
不喝水。

善于游水，
还喜欢在溪流中
洗浴。

25

野山羊 yě shān yáng

野山羊是一种喜欢登高的动物，它们总是成群待在高山上，啃食青草或青苔。

它有一对向后弯曲的大角，上面有许多环棱，就像起伏的山脉一样。

它的身材不算高大，只有约 1 米高，全身披着棕灰色的皮毛。

雄野山羊的下巴处长有长长的胡须。

它的四肢粗壮有力，还长有宽大的蹄子，因此步伐十分稳健。

食物
青草、青苔、灌木

野山羊总是喜欢在一起活动，其中，身强体壮的"头羊"走在前面，其他羊顺从地跟在后面。

打架时，两只雄野山羊面对面，后腿直立站着，然后把头猛地撞在一起。

野山羊平衡能力极好，能从一块岩石跳到另一块岩石上。

夏天时，野山羊聚集在高山上，啃食鲜草。冬天时，会移向低处，避开积雪。

我们的小秘密

喜欢清洁，宁愿挨饿也不吃不干净的食物。

雌野山羊头上也有弯角，但角较小。

小羊出生后会立即跟随母山羊，在6个月后断奶。

盘羊 pán yáng

盘羊是一种体形高大、长着粗大弯角的群居动物，主要分布于亚洲中部地区。

它的角又粗又大，有1米多长，外侧有环棱，向下扭曲，呈螺旋状。

它身上的毛大多又短又粗，只有颈部的毛比较细长。

食物
草、树叶

它的四肢比较长，蹄子前面特别陡直，适合在岩石间攀爬。

进食或休息时，会有一头成年盘羊在高处守望。如果有危险，它会立即向羊群发出信号。

盘羊的攀爬能力比较强，能在悬崖峭壁上奔跑跳跃，来去自如。

盘羊喜欢集成几只或十多只的小群，在早上和黄昏活动。

我们的小秘密

雌性的角比较短细，不到半米长。

耐渴，能几天不喝水，冬天没水就吃雪。

天敌主要是狼和雪豹，经常被它们追赶。

十分机警，稍有动静，就迅速逃离。

非洲水牛 fēi zhōu shuǐ niú

非洲水牛是非洲草原上最常见的动物，它体形巨大，头上长着一对巨大的角。

它头上的角又大又长，十分尖锐，像大盾一样盖在头顶。

它的耳朵很大，向下垂，听力很敏锐。

它的身体健硕，胸膛宽阔，体表覆盖着稀疏的黑毛。

它的四肢相当粗壮，因此奔跑速度很快。

食物
野草、树叶

非洲水牛为群居动物。牛群中最强壮的公牛是族群的领袖,享有吃最好草粮的权利。

非洲水牛常将幼崽围在群体中央,防止被狮子捕杀。

非洲水牛凶猛暴躁,尤其是大角极其恐怖,能将狮子刺穿。

非洲水牛是夜行动物,白天常躲在阴凉处或浸泡在水池、泥泞中。

我们的小秘密

每天至少喝一次水,从不远离水源。

只有年老或受了伤时才会落单。

受伤、落单时,具有极强的攻击性。

凶猛的狮子也不敢轻易惹它们。

阿拉伯剑羚 ā lā bó jiàn líng

阿拉伯剑羚生活在阿拉伯半岛的沙漠及草原地区，是一种长有长角的动物。

它的尾巴比较长，末端长有一束棕黑色长毛，可用来驱赶蚊虫。

它的体形较小，全身披着雪白的短毛，只有腹部和腿的毛是褐色的。

它的头顶有一对直立的、长着环纹的尖角，长度约有 70 厘米。

它的蹄子张开时，就像一个铲子，可增大接触沙地的面积。

食物
草、树叶、浆果、块茎

阿拉伯剑羚过着群居生活,群体约有30个成员,由一头成年雄性率领。

阿拉伯剑羚的尖角非常锋利,可以刺伤来犯的敌人或者保护地盘。

阿拉伯剑羚白天躲在树荫或灌木丛中休息,黄昏时才出来觅食。

阿拉伯剑羚基本没有攻击性,因此群族成员可以和平共存。

我们的小秘密

幼年的雄羊是独居的。

雌性的角比雄性更细更长。

可以一夜迁移50千米,等候甘霖降临。

仅靠舔吸植物上的晨露就可以在45℃以上的高温下生活。

马鹿 mǎ lù

马鹿是一种喜欢群居的大型鹿类，因为体形和骏马十分相似而得名。

它的头上长有一对大角，大角上有6~8个分叉，看上去就像树杈一样。

它的身体呈深褐色，背部和两侧有一些白色的斑点。

它的耳朵很大，呈圆锥形，向外突出，适合听取周围的响动。

它的四肢很长，蹄子很大，因此奔跑时又快又稳。

食物
乔木、灌木、草本植物

夏天的时候，马鹿会到沼泽或浅水中进行水浴。

雄马鹿成年后，一般会离开族群单独生活。

马鹿喜欢生活在灌木丛、草地等环境，这里食物丰富，而且有利于隐蔽。

马鹿通常组成小群活动，群体成员包括雌兽和幼崽。

我们的小秘密

雌马鹿体形较小，头上也没有大角。

通常在白天活动，黎明前后活动最为频繁。

大角是厉害的武器，敢与捕食者进行搏斗。

有的种类臀部有大面积的黄白色斑。

野猪 yě zhū

野猪又称山猪,是一种分布广泛的群居动物,样子和家猪极为不同。

它的毛色呈深褐色或黑色,背上长有又长又硬又粗的鬃毛.

它的耳朵比较小,直立在头的两侧.

它的四肢比较短,但粗壮有力,因此奔跑速度很快。

食物
草、果实、根、坚果

它的每只脚有4根硬趾,但只有中间2趾着地。

它的嘴里有两对外露的犬齿,可以作为武器或挖掘工具。

野猪喜欢在泥水中洗浴，在身上裹一层泥浆，防止日晒。

野猪群之间发生冲突时，由公猪负责守卫群体安全。

野猪喜欢集群生活，成员一般包括 2~3 只母猪与一群幼猪，而公猪只在发情期才会加入猪群。

野猪栖息于山地、丘陵、森林等地，多在早晨和黄昏时分活动觅食。

我们的小秘密

打斗胜利者，用排尿的方式来划分领地。

母猪的犬齿较短，不露出嘴外，但也有杀伤力。

夏天的时候，会脱掉一部分鬃毛来降温。

喜欢居住在离水源近的地方，方便饮水和取食。

沙鼠 shā shǔ

沙鼠是一种体形较小的鼠类，因栖息于干旱的荒漠地区而得名。

它的耳朵比较小，上面有沙黄色的短毛，听觉十分发达，能听到细小的声音。

它的嘴比较尖，周围还长有长长的胡须。

食物
谷物、蔬菜、沙漠植物

它的尾巴又粗又长，可在跳跃时保持身体平衡。

它的四肢上长有强有力的尖爪，适合用来挖掘洞穴。

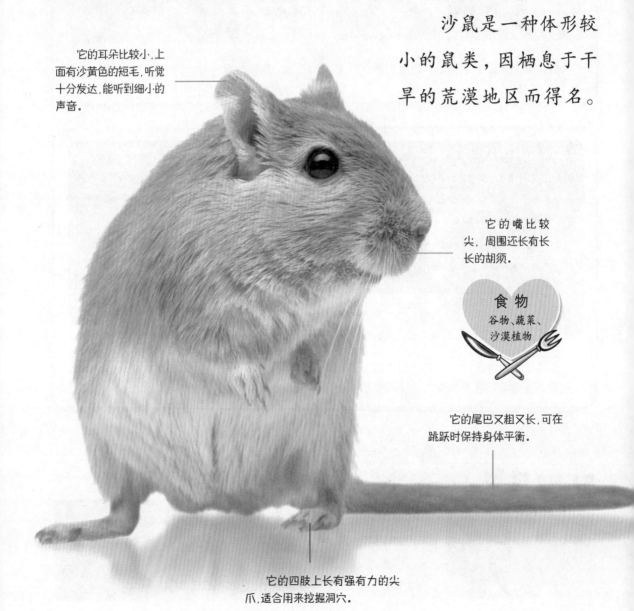

沙鼠过着群居生活，当发现天敌时，会互相报警。

沙鼠的种类很多，常见的有长爪沙鼠、子午沙鼠、肥尾沙鼠等。

沙鼠们在沙丘周围，挖掘了很多洞口和隧道，以便遇到危险时能及时逃走。

我们的小秘密

后肢是前肢的 1~2 倍长，适合跳跃。

刚出生时，不到 4 厘米长，身上没有毛，眼睛也看不见。

一生中很少喝水或完全不喝水，仅靠摄取食物中的水分来生存。

有贮存食物的习惯，常会囤积大量草根。

梅花鹿 méi huā lù

梅花鹿是一种体形中等、头上有大角的鹿,因身上有白色的梅花斑点而得名。

它的头顶有一对分成 4 叉的实角。

它的毛呈棕黄色,上面遍布鲜明的白色斑点。

它的尾巴非常短,臀部还有一块白斑。

它的四肢细长,因而奔跑速度很快。

食 物
成熟的果实、草本植物

梅花鹿主要在早上和黄昏活动，活动地点一般是向阳的山坡。

梅花鹿跳跃能力很强，能连续大跨度的跳跃，而且动作轻快敏捷。

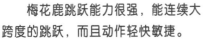

梅花鹿大部分时间结群活动，而雄兽大多单独活动。

梅花鹿非常机警，一般集体进食，一有风吹草动，就会四散而逃。

我们的小秘密

雌梅花鹿体形较小，头上没有角。

每年老鹿角会脱落，然后长出新的鹿角。

冬天时，梅花斑点会"消失"。

雄梅花鹿求偶时，会发出像老绵羊一样的"咩咩"声。

驼鹿 tuó lù

驼鹿是世界上最大的鹿科动物，因其肩高于臀，与骆驼相似而得名。

它头上的角巨大，形状像是扁平的铲子，上面还有许多尖叉。

它全身披着棕褐色的毛，夏季时毛的颜色比冬季深得多。

它的头很大，脸部特别长，鼻子又大又肥，有点下垂。

它的喉部下面有一个肉柱。

它的四肢比较长，而且非常强健，因此跑起来速度很快。

食物
嫩枝、睡莲、草、树叶

驼鹿是游泳高手，一次可游 20 多千米，还能下潜到 6 米深的水下去觅食水草。

驼鹿身材高大，看似笨拙，实际上相当灵活，不仅能长途奔袭，还能高高跳起。

雌驼鹿和小驼鹿一般集群而居，而雄驼鹿通常单独生活。

我们的小秘密

雌性头上没有长角。

尾巴很短，只有 7~10 厘米长。

经常在树干上磨角，将树皮擦掉，留下坑痕。

和牛一样能将胃里的食物返回到嘴里咀嚼。

水豚 shuǐ tún

水豚是一种半水栖的植食性动物，也是世界上最大的啮齿动物。

它的头很大，鼻吻部异常膨大，而且末端很粗钝。

它的身体粗壮，毛发很粗，但比较稀疏，颜色多为棕色、褐色等。

食物
芦苇、树皮、水生植物

它的四肢不长，趾间长有蹼，适合划水，趾端还有类似蹄状的爪子。

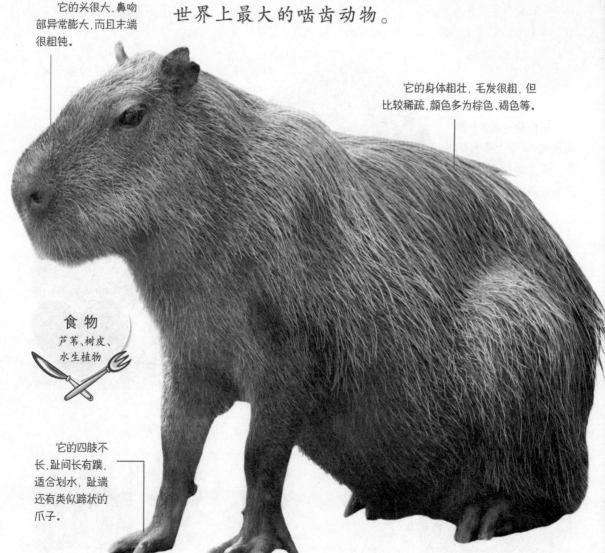

44

旱季时，几个小水豚群可能聚集在同一个池塘附近，形成一个大的临时聚集群。

水豚休息时，经常像狗一样坐在地上。

水豚是游泳和潜水高手，游泳时仅鼻孔、眼睛、耳朵露出水面。

水豚群体成员一般在10~30个，其中雄性主导族群，雌性从属。

我们的小秘密

在陆地上行动迟缓，如遇到危险会迅速跳进水中逃跑。

白天躲在树丛中，晚上才出来活动。

能长时间隐匿在水生植物中，一动不动。

海象 hǎi xiàng

海象是一种海洋动物，嘴里有两根长长的牙齿，看上去就像海中的大象。

食物
蚌蛤、乌贼、
虾、蟹

它的身体十分粗壮，皮很厚，有很多褶皱，还长有稀疏的硬毛。

它有2根巨大的白色长牙，可用来争斗或攫取食物。

它的四肢退化成了鳍状，不适合行走，但很适合在水中游动。

海象在水中呼吸时，通常只将头露出水面。

海象的大部分时光是在沿岸陆地或浮冰上度过的，常常是成千上万只紧紧地挤在一起。

在陆地上活动时，海象会将后鳍脚向前弯曲，将长牙刺入冰中支撑身体，然后匍匐前进。

海象属于群居动物，它们睡觉时总会留下一只放哨，一有危险就会吼叫或用长牙触碰同伴。

我们的小秘密

雌海象的长牙略短略细，一般只有约50厘米长。

爬上陆地晒太阳时，皮肤会变红。

视觉较差，但嗅觉与听觉十分敏锐。

雄兽间发生激烈的争斗时，会互相用长牙和脖子进行攻击。

白鲸 bái jīng

白鲸是一种海洋哺乳动物，主要生活在北极附近海域，因身体呈白色而得名。

它的头很圆，顶部有喷气孔，可以排出身体废气。

它的身体十分粗壮，体色非常淡，为独特的白色或淡黄色。

它的胸鳍很宽阔，向上弯曲，十分灵活。

食物
胡瓜鱼、鲑鱼、杜父鱼

白鲸是群居动物，群体由成百上千头的白鲸组成。

白鲸喜欢在海面或贴近海面的地方生活。

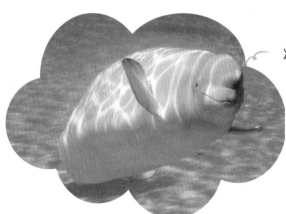

白鲸的潜水能力相当强，对于北极的浮冰环境有很好的适应力。

每年7月，成千上万头白鲸从北极地区出发，开始浩荡的夏季迁徙。

我们的小秘密

能把石头衔在嘴里或顶在头上玩耍。

经常在水底打滚，来去除身上的污渍和寄生虫。

是优秀的"口技"专家，能发出几百种声音。

夏季时，老皮肤会脱落，换上新的白色皮肤。

狐獴 hú měng

狐獴是一种小型哺乳动物，在平原或草原的地底洞穴中常能看见它们的身影。

它的眼睛周围有独特的黑色暗斑，作用类似太阳眼镜。

它背部的毛色为黑褐色，中间夹杂着黄色的毛。

它的四肢比较短，长有弯曲的爪子，可以用来挖掘洞穴。

食物
昆虫、蜥蜴、蜘蛛、植物

它的尾巴又长又圆，可在身体直立时保持平衡。

太阳升起时，狐獴们一只接一只从洞口爬出来。

同一家族的狐獴比较友好，彼此间常会梳理毛发。

狐獴用后脚站立时，会露出腹部的黑色皮肤，来吸收太阳的热。

狐獴社会性极强，种群通常有数十个成员，由雄性首领与雌性首领统治。

我们的小秘密

觅食或嬉戏时，会有成员主动站出来放哨。

发生冲突时，会挺直腰板或一拥而上，把敌人吓跑。

3 岁后必须离开家族，加入或组建别的种群。

有危险时，会将所有的幼兽带到地下避难。

猕猴 mí hóu

　　猕猴是一种体形较小的猴，自然界中非常常见，它们喜欢成群在密林中玩耍、捕食。

它的脸比较消瘦，多为肉红色，十分醒目。

它身上的毛密集、细长，颜色多为灰黄色或灰褐色。

它的四肢基本等长，指头十分灵活，能抓握东西。

食物
嫩枝叶、野菜、野果、小鸟

52

争夺王位时，猕猴中的强者会翘起尾巴，向猴王挑战，随之与猴王厮打。

雌猕猴有时会将小猕猴驮在背上行走。

猕猴之间互相梳毛也是一项重要的社交活动。

猕猴喜欢成群聚在岩石嶙峋的地方。

我们的小秘密

嘴两侧的颊囊暂时储存食物时，腮帮子会鼓鼓的。

猴王的尾巴往往翘得很高，而其他猴子不敢随便翘尾巴。

不惧怕人类，常会出现在人类活动的地方。

狒狒 fèi fèi

狒狒是一种体形巨大的猴类，身体特征非常适合在地面活动。

它身上的毛比较粗糙，其中脸周围、颈部、肩部的毛十分细长。

它的头部又粗又长，口鼻部分十分突出。

食物
嫩枝、草、树根、树皮、果实

它的四肢短粗，基本等长，非常适合在地面上奔跑和行走。

狒狒经常数十只组成一个群体一起生活，对付豹、狮子等天敌。

白天，狒狒在地面上活动，晚上则会躲到树枝上或岩洞中睡觉。

狒狒十分凶猛，而且奔跑迅速，经常一大群围追、捕杀来犯的天敌豹子。

狒狒群中经常为了争夺王位发生残酷战斗。

我们的小秘密

有时会爬到树上觅食或者休息。

群狒会争相为狒王理毛，因此狒王的毛总是油光顺溜。

非洲鸵鸟 fēi zhōu tuó niǎo

非洲鸵鸟是世界上最大的鸟类。不过，它的翅膀很小，体重很大，因此并不会飞。

它的头部很小，上面有一张又短又扁平的三角形嘴。

它的脖子非常细长，像蛇一样，总高高抬起支撑着头部。

它的翅膀很小，和身体不成比例，边缘有纯白色的羽毛。

它的腿又大又长，力量十足，两只大脚趾上还长着巨大的坚硬趾甲。

食物
植物果实、嫩芽、昆虫

非洲鸵鸟喜欢结群生活，通常十多只聚集在一起，寻觅食物过着游荡的生活。

非洲鸵鸟虽然不会飞，但是腿很长，很善于奔跑，时速能达 80 千米。

非洲鸵鸟经常带着雏鸟、幼鸟混在斑马、羚羊群中觅食，这样就能吃到被惊起的昆虫等。

我们的小秘密

迅速奔跑时会展开双翅，维持身体的平衡。

卵是鸟蛋中最大的，长度可超过 15 厘米。

一出生就能走路，但需要成年鸵鸟的保护。

凤头黄眉企鹅 fèng tóu huáng méi qǐ é

凤头黄眉企鹅是一种体形比较小的企鹅，因眼睛上有一簇长长的黄色羽毛而得名。

它的眼睛上方和耳朵两侧，有竖立起来的金黄色羽毛。

它的翅膀发育成扁长的鳍状，能够像船桨一样划水。

它的后肢很短，紧跟在躯体后方，脚趾间有蹼，可以掌握前进的方向。

食物
沙丁鱼、磷虾

凤头黄眉企鹅的群体意识很强，经常一起下水觅食，一起上岸休息。

凤头黄眉企鹅喜欢跳跃，经常双脚并立跳过陡峭的岩石。

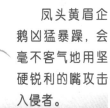

凤头黄眉企鹅凶猛暴躁，会毫不客气地用坚硬锐利的嘴攻击入侵者。

凤头黄眉企鹅在海上漂流数月，然后成群聚集到海岛上，繁衍后代。

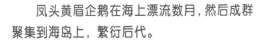

我们的小秘密

繁殖地点与众不同，是在森林之中繁殖的。

会在松动的石块或陡峭岩壁间的洞穴中筑巢。

脚是粉红色的，强壮有力。

黄眼企鹅 huáng yǎn qǐ é

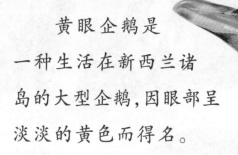

黄眼企鹅是一种生活在新西兰诸岛的大型企鹅，因眼部呈淡淡的黄色而得名。

它的头部长有黄色绒毛，尤其是眼睛周围，黄毛更为浓密，颜色也更淡。

食物
单鳍双犁鱼、红拟褐鳕

它的身体肥大，背部颜色黑亮，而胸腹部十分雪白。

它的鳍状肢十分扁长，边缘覆盖着一圈白色绒毛。

它的腿很短，但是脚掌很宽，能稳稳地站立。

清晨，黄眼企鹅离开巢穴，行走数千米，到海中觅食，傍晚才成群结队地返回巢窝。

黄眼企鹅有筑巢的习惯，地点一般位于海湾附近的森林、斜坡。

黄眼企鹅以家庭为单位生活，而且对配偶的忠诚度非常高。

黄眼企鹅喜欢伸长脖子对天大叫，吼叫时胸肌一鼓一鼓的。

我们的小秘密

不叫时相亲相爱，常常交头接耳。

潜水能力超强，能下潜数十米捕鱼。

每次生两个蛋，但小企鹅的死亡率很高。

黑脚企鹅 hēi jiǎo qǐ é

黑脚企鹅是一种体形比较小的企鹅，因双脚漆黑而得名。

它的眼睛上方有粉红色的腺体，血液流经时，可以起到降温的作用。

它的胸腹部大部分为白色，中间点缀有黑纹和黑点。

它的鳍状肢又黑又硬，很有力量，是游泳时的动力来源。

食物
凤尾鱼、沙丁鱼、乌贼、介虫

它的双脚很大，上面有很多特别的黑色斑点。

成群的小黑脚企鹅在海中嬉戏时，一会儿浮在海面上，一会儿又下潜十多米。

黑脚企鹅喜欢集群生活，经常数十只一起下海围捕鱼类。

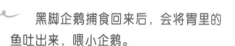

在岸上时，黑脚企鹅喜欢成群站在礁石上吼叫。

黑脚企鹅捕食回来后，会将胃里的鱼吐出来，喂小企鹅。

我们的小秘密

全年都会繁殖，一次产两个蛋。

身体上的黑白色羽毛可以用于伪装。

是唯一在非洲繁殖的企鹅。

是潜水高手，能一次潜入水中2分钟。

小蓝企鹅 xiǎo lán qǐ é

小蓝企鹅是企鹅家族中体形最小的成员之一，因有一身蓝色的羽毛而得名。

它的嘴为深灰黑色，只有 3~4 厘米长，比较短，但很尖锐。

食物
小型水生动物、鱼类、鱿鱼

它的身体圆胖，头部和背部为靛蓝色，腹部则为白色。

它的鳍外部覆盖着靛蓝色短毛，内部则是白色绒毛。

它的脚又长又大，上方为白色，脚底和蹼则是黑色。

小蓝企鹅习惯以小群聚集生活，这样可以增强防御力，避免掠食者捕食小企鹅。

小蓝企鹅的胆子很小，通常只在夜间下海觅食。

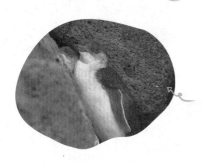

小蓝企鹅喜欢在岸边的沙丘上筑巢。这些巢穴一个接一个，距离很近。

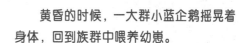

黄昏的时候，一大群小蓝企鹅摇晃着身体，回到族群中喂养幼崽。

我们的小秘密

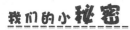

每年仅有一个伴侣，但一年后会更换伴侣。

雄性们挤在一起，轮流换到外围，抵御低温和大风。

雄性会把蛋放在脚掌上，用育儿袋包覆。

卷羽鹈鹕 juǎn yǔ tí hú

卷羽鹈鹕是一种大型白色水鸟，因颈背长有卷曲的羽毛而得名。

它的嘴又长又粗，前端有一个黄色的弯钩。

它的翅膀比较大，大部分为灰白色，只有尖端的羽毛为黑色。

它的脖子细长，上面长有卷曲的长羽毛。

它的下颌长有一个橘黄色的、能够伸缩的大型皮囊。

它的腿很短，但蓝灰色的脚比较宽，四趾间还长有蹼。

食物
鱼类、甲壳类、软体动物

卷羽鹈鹕喜欢群居，通常一大群住在水边。

卷羽鹈鹕生活在沼泽及浅水湖周围，以捕捞鱼类为生。

卷羽鹈鹕觅食时，张开大嘴，用皮囊捞入大量水，然后将水过滤掉，只留下鱼儿。

每年冬季，整群的卷羽鹈鹕一同展翅，飞向南方过冬。

我们的小秘密

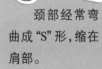

张开大嘴，让幼鸟将头伸进皮囊，啄食小鱼。

颈部经常弯曲成"S"形，缩在肩部。

非常善于游泳和在陆地上行走，但不会潜水。

双冠鸬鹚 shuāng guān lú cí

双冠鸬鹚是一种全身乌黑的海洋性水鸟，主要生活在岛屿、海滨及沼泽地带。

它的嘴又长又强壮，尖端长有弯钩，嘴角处还裸露着橘红色的皮肤。

它身上的羽毛乌黑发亮，泛着绿色光泽。

它的尾巴又圆又硬直，由十多枚尾羽构成。

食物
甲壳类动物、鱼类

双冠鸬鹚喜欢成群建造巢穴，甚至还会和别的水鸟一同建巢。

双冠鸬鹚捕猎时，一头扎进水里，用长蹼的脚推动身体，追踪猎物。

双冠鸬鹚潜水后，羽毛会湿透，需要张开双翅在阳光下晒干后才能飞翔。

双冠鸬鹚常常结成小群活动，它们经常一起潜水捕鱼，一起站在岩石上晾晒翅膀或休息。

我们的小秘密

飞行时，头和脖子向前伸直，双脚向后伸，翅膀缓慢扇动。

在岩石或树上休息时，身体保持垂直坐立姿势。

在水下时，翅膀可以用来帮助划水。

三趾鹬 sān zhǐ yù

三趾鹬是一种生活在水边的鸟类，喜欢成群在海边、河口等地活动。

它的眼睛分布在头两侧，虽然很小，但是视力非常敏锐。

它的嘴尖细，捕食甲壳类很方便。

它的胸腹部长着白色的羽毛。

它的背部羽毛为深栗红色，上面还有黑褐色的纵纹。

它的腿又细又长，长有尖锐的爪子，很适合在泥沙地行走。

食物
软体动物、昆虫幼虫

受到惊吓时，成群的三趾鹬立即张开翅膀，沿着水面进行低空飞行。

潮水后退时，三趾鹬紧跟其后，用尖嘴快速啄食被海潮冲刷出来的小动物。

三趾鹬喜欢集群，随海水的涨落，在海边来回奔跑。

我们的小秘密

有时也会和别的鹬群一同生活。

涨大潮时，才会离开潮水线到海岸休息。

出生不久就能行走，半月后就能飞行。

牛背鹭 niú bèi lù

它的头顶和颈部长
有散乱的橙黄色羽毛。

它的嘴
颜色为橙黄
色，虽然比
较短，但非
常尖锐。

牛背鹭是一
种体形庞大的鸟
类，因会在牛背
上歇息而得名。

它背上的羽毛
为纯白色，非常长，
一直延长到尾部。

它的腿又细又长，
爪子也比较大，能让它稳
稳地站立。

食 物
昆虫、蜘蛛、
黄鳝、蚂蟥

牛背鹭休息时，喜欢站在树梢上，有时也会站在牛背上。

牛背鹭通常成对或3~5只组成小群生活。

牛背鹭喜欢成群在树枝上筑巢，有时还会和白鹭与夜鹭一起筑巢。

牛背鹭常跟随在水牛后面，捕食草丛中被惊飞的昆虫。

我们的小秘密

飞行时，头缩到背上，颈向下突出。

站立时，缩着身体，呈驼背状。

唯一不吃鱼而以昆虫为主要食物的鹭类。

美洲红鹳 měi zhōu hóng huán

美洲红鹳是一种大型鸟类，它全身发红，是世界上颜色最红的鸟类之一。

它全身的羽毛都是红色的。

它的嘴为灰黑色，十分细长，前端向下弯曲。

它的尾巴很短，藏在折叠的翅膀下面。

它的腿细长，爪子比较大，趾间还长有蹼。

食物
软体动物、小鱼、昆虫

美洲红鹮常结成大群生活。当它们一起飞时，好像一片红云飘起。

美洲红鹮飞翔时，细长的颈部和腿竭力伸直，尾羽像扇子一样展开。

美洲红鹮站在沼泽里，用细长的嘴掘食小鱼和贝类。

我们的小秘密

幼鸟由父母共同抚养。

常在沿海和内陆湿地之间游动和迁移。

会成群在水边的大树上过夜。

褐马鸡 hè mǎ jī

褐马鸡是中国特有的一种珍贵鸟类，不善于飞行，但很善于奔走。

它的眼睛很小，周围的皮肤十分鲜红。

它的尾羽高高耸起，末端的羽毛比较黑，泛着紫蓝色光泽。

它的身上披着浓褐色的羽毛。

它的脖子比较短粗，覆盖有黑褐色的长毛。

它的腿十分粗壮，奔跑起来很迅速。

食物
灰榛子、野蒜、莎草、龙胆

褐马鸡喜欢集群活动，尤其是冬季，群体成员能达到20只。

褐马鸡觅食时，群体比较分散，边走边用嘴啄食。

褐马鸡的翅膀比较小，因此飞行能力很弱，只能从山上向下展翅滑翔。

我们的小秘密

常沿固定的路线，成纵队向觅食地进发。

有时会跳到树上啄食浆果或昆虫。

白天在灌木丛中活动，晚上在大树枝杈上栖宿。

雄鸟争斗时，会抬起头，伸直脖子，高声鸣叫。

黑水鸡 hēi shuǐ jī

黑水鸡是一种全身披着黑褐色羽毛的鸟类，除大洋洲外，世界各地均有分布。

它的嘴不是很长，但很尖，后端颜色十分鲜红。

它的腿比较粗长，绿色的爪子又大又长。

食物
水生植物、水生昆虫

黑水鸡雌雄成对单独繁殖，有时也成松散的小群集中在芦苇塘中繁殖。

黑水鸡游泳和潜水能力很强，能将整个身体潜藏于水下。

黑水鸡游泳时身体露出水面较高，尾巴向上翘。

黑水鸡常常成对或成小群，在水面活动。

我们的小秘密

起飞前要在水面上进行长距离"助跑"。

喜欢有树木或水生植物遮蔽的水域。

遇到危险时，会立刻潜入水中，到远处再浮出水面。

鸽子 gē zi

它的头比较小,顶部十分平坦.

鸽子是一种善于飞行的鸟类,十分常见,世界各地均有分布。

食 物
玉米、稻谷、小麦、豌豆

它的身体强壮,翅膀很长很发达,飞行能力极强。

它的腿十分丰满粗壮,爪子更是尖锐有力,能牢牢抓住树枝。

它的尾羽又大又长,末端非常圆润。

鸽子飞行速度比较快，经常一大群进行低空盘旋。

鸽子的品种很多，羽毛颜色有瓦灰、青、白、黑、绿、花等。

雌鸽和雄鸽用嘴衔回树枝、杂草等材料，然后共同筑巢。

鸽子喜欢栖息在高大建筑物或山岩峭壁上，常常数十只结群活动。

我们的小秘密

即使从小离家，也仍能找到回家的路。

行走时，姿态高昂，并带有点头动作。

雌鸽和雄鸽会交替孵卵，直到孵出雏鸽。

刚出生时，眼睛睁不开，羽毛很稀少。

麻雀 má què

麻雀是一类小型鸟类，它们身上有棕、黑色的杂斑，因而俗称麻雀。

它的嘴很尖，微微向下弯曲，虽然很短粗，但是很强壮。

食物
植物种子、昆虫

它的翅膀比较小，因而飞行能力一般，不能进行长途飞行。

它的腿非常细，爪子很短，但是非常尖锐锋利。

它的尾巴比较长，展开时像一把小扇子。

麻雀是非常喜欢群居的鸟类，秋季时常组成数百只甚至数千只的大群。

麻雀在平地上活动时，不会迈着腿走，只能跳着走。

成群的麻雀会选择有很多洞的老树筑巢，这是它们最喜爱的筑巢地点。

一群麻雀停歇时，如果一只飞起，别的麻雀也会紧跟其后。

我们的小秘密

在庄稼收获季节，容易形成雀害。

巢穴很简陋，由干草、羊毛、羽毛等建成。

会集体出动，驱赶入侵鸟类。

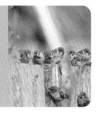

不喜欢茂密的大森林，多在有人类集居的地方活动。

八哥 bā ge

八哥是一种全身乌黑的鸟，有模仿其他鸟鸣叫的本领。

它的前额长有一簇竖直的羽毛，就像头冠一样。

它的黑色翅膀上有白色翅斑，飞行时尤为明显。

食物
金龟子、毛虫、蝗虫、蚱蜢

它的黄色腿比较细长，爪子又大又锋利。

它的尾羽比较大，颜色漆黑，但是尖端有白色斑块。

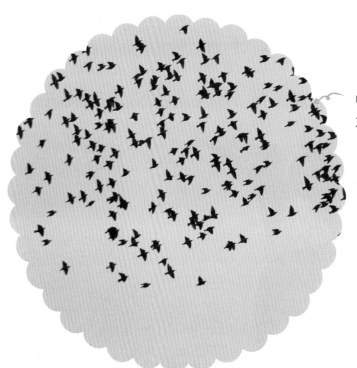

夜幕降临前，一大群八哥在空中飞翔，鸣叫片刻后，飞到竹林、大树或芦苇丛中休息。

八哥常常跟随在农民和耕牛身后，啄食被犁翻出土面的蚯蚓、昆虫、蠕虫等。

八哥喜欢聚集成一大群生活，经常成排站到水牛背上、大树或屋脊上。

我们的小秘密

有时会结成小群，集中建造巢穴。

能模仿简单的人语，类似于鹦鹉。

秋冬交替时，会迁徙到温暖地区过冬。

经常站在家畜背上，啄食寄生虫。

橡树啄木鸟 xiàng shù zhuó mù niǎo

它的头顶有一顶红色的帽冠,十分醒目。

它的嘴非常直,就像凿子一样。

橡树啄木鸟是一种中型鸟类,有集体收集橡子的习性。

它的脚十分强健,4 根脚趾均具有锐利的爪,很适合攀爬树木。

它的尾羽刚硬如棘,尖端能撑在树干上,支撑身体。

食物
昆虫、果实

橡树啄木鸟专门选择一些枯树来存储橡子。

橡树啄木鸟喜欢集结成大群生活，并合作囤积橡子。

橡树啄木鸟既勤劳又团结，通常以家庭群体的方式生活。

我们的小秘密

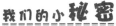

细长的舌头伸缩自如，前端还有短钩。

飞行时，两翼、臀部会各显现出一块白斑。

会在树洞中建造巢穴。

会花很多时间捕捉昆虫。

洋红蜂虎 yáng hóng fēng hǔ

洋红蜂虎是喜欢聚在一起挖洞筑巢的鸟。

上千只洋红蜂虎常常在一起筑巢，巢与巢之间离得很近。

平时，洋红蜂虎也喜欢聚在一起捕食、休息，很少单独活动。

洋红蜂虎喜欢在河边垂直的沙堤上挖洞筑巢。

我们的小秘密

雄鸟和雌鸟会轮流筑巢、孵卵和养育幼鸟。

休息的时候，喜欢站在枯树枝上。

年幼的洋红蜂虎会帮助父母挖掘洞穴。

它头上和尾巴根部的羽毛是蓝色的。

它的嘴又长又尖，非常有力。

它的脚爪非常坚韧，能像铲子一样挖土。

食物
种子、昆虫、植物果实

厦鸟 shà niǎo

厦鸟是一种小型鸟类，会几十对一起修建巢穴上方类似茅屋那样的屋顶。

它的嘴又小又尖，下方有一大片黑色斑块。

它的身形比较小巧，和麻雀相似，背部为灰褐色，腹部为白色，并带有黑斑。

食物
植物果实、种子、昆虫

它的翅膀比较小，因此飞行能力一般。

它的腿很纤细，但尖爪很有力。

90

一个屋顶下，可以建造几百个小巢穴，供厦鸟夫妻生活。

厦鸟喜欢过群体生活，它们会联络同伴一起搭窝。

厦鸟会衔来草茎、树根、泥浆等搭建屋顶。

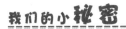
我们的小秘密

依靠啄木鸟、犀鸟等"房客"抵御毒蛇入侵。

能和非洲侏隼和平共处，允许它们在窝里产卵。

入口位于巢穴底部，可以防止老鹰从空中捕食。

鼠鸟 shǔ niǎo

鼠鸟是一种小型鸟类，由于外形、行为类似于老鼠而得名。

它的头上长有高高的羽毛冠。

它的翅膀比较小，总是紧贴在背上。

它的身体为淡褐色或灰色，其中腹部颜色比较浅。

它的腿比较细长，爪子很锋利，能牢牢抓住树枝。

它的尾羽又长又坚硬，略微向下垂。

食物
植物叶子、果实、花

鼠鸟飞行能力一般，但善于在树枝上攀缘、爬行。

鼠鸟经常悬挂在树枝上，啄食植物的花或果实。

鼠鸟总是成群生活在一起，成员一般有3~20只。

鼠鸟群中，成员之间经常互相梳理毛发，晚上还会蜷缩在一起休息。

我们的小秘密

会花大量时间来梳理羽毛、洗尘浴和日光浴。

休息时，身体代谢很慢，能节省能量。

巢穴建在数米高的荆棘丛中。